中国工程建设标准化协会标准

根式基础技术规程

Technical Specifications for Design and Construction of Rooted Foundation

T/CECS G:D67-02—2019

主编单位:安徽省交通控股集团有限公司
批准部门:中国工程建设标准化协会
实施日期:2019 年 10 月 01 日

人民交通出版社股份有限公司

图书在版编目（CIP）数据

根式基础技术规程：T/CECS G:D67-02—2019／安徽省交通控股集团有限公司主编. — 北京：人民交通出版社股份有限公司，2019.6

ISBN 978-7-114-15673-1

Ⅰ.①根…　Ⅱ.①安…　Ⅲ.①基础（工程）—技术规程—中国　Ⅳ.①TU47-65

中国版本图书馆 CIP 数据核字（2019）第 136762 号

标准类型：**中国工程建设标准化协会标准**

标准名称：**根式基础技术规程**

标准编号：T/CECS G:D67-02—2019

主编单位：安徽省交通控股集团有限公司

责任编辑：李　沛　王海南

责任校对：张　贺

责任印制：张　凯

出版发行：人民交通出版社股份有限公司

地　　址：（100011）北京市朝阳区安定门外外馆斜街 3 号

网　　址：http://www.ccpress.com.cn

销售电话：（010）59757973

总 经 销：人民交通出版社股份有限公司发行部

经　　销：各地新华书店

印　　刷：北京鑫正大印刷有限公司

开　　本：880×1230　1/16

印　　张：3.5

字　　数：65 千

版　　次：2019 年 7 月　第 1 版

印　　次：2019 年 7 月　第 1 次印刷

书　　号：ISBN 978-7-114-15673-1

定　　价：40.00 元

（有印刷、装订质量问题的图书，由本公司负责调换）

中国工程建设标准化协会

公　　告

第 439 号

关于发布《根式基础技术规程》的公告

根据中国工程建设标准化协会《关于印发〈2014 年第二批工程建设协会标准制订、修订计划〉的通知》（建标协字〔2014〕070 号）的要求，由安徽省交通控股集团有限公司等单位编制的《根式基础技术规程》，经本协会公路分会组织审查，现批准发布，编号为 T/CECS G:D67-02—2019，自 2019 年 10 月 1 日起施行。

二〇一九年五月二十日

前　言

根据中国工程建设标准化协会《关于印发〈2014 年第二批工程建设协会标准制订、修订计划〉的通知》（建标协字〔2014〕070 号）的要求，由安徽省交通控股集团有限公司承担《根式基础技术规程》（以下简称"本规程"）的制定工作。

编制组经广泛调查研究，认真总结根式基础实践经验，参考有关国内外标准，并在广泛征求意见的基础上，制定本规程。

根式基础是一种"仿生"基础，采用专用顶进装置将根键顶入基础周边土体中，承受竖向荷载时通过根键与土体的接触，形成地基梁效应，使基础竖向承载力显著增加，从而减小基础规模，具有良好的经济性。本规程重点突出根式基础特点，规定了根式基础设计、施工、质量检验与评定过程中应遵守的准则、技术要求及关键控制原则，并与相关标准协调配套。

本规程共 5 章、3 篇附录，主要内容包括：1 总则、2 术语和符号、3 设计、4 施工、5 质量检验与评定，附录 A 根式基础沉降计算、附录 B 根式基础水平位移计算、附录 C 根键水平承载力计算。

本规程由中国工程建设标准化协会公路分会负责归口管理，由安徽省交通控股集团有限公司负责具体技术内容的解释，在执行过程中如有意见或建议，请函告本规程日常管理组，中国工程建设标准化协会公路分会（地址：北京市海淀区西土城路 8 号；邮编：100088；电话：010-62079839；传真：010-62079983；电子邮箱：shc@ rioh. cn），或殷永高（地址：合肥市望江西路 520 号；邮编：230088；传真：0551-63738366；电子邮箱：1203922599@ qq. com），以便修订时研用。

主 编 单 位：安徽省交通控股集团有限公司
参 编 单 位：安徽省交通规划设计研究总院股份有限公司
　　　　　　　中铁大桥勘测设计院集团有限公司
　　　　　　　交通运输部公路科学研究所
　　　　　　　中交第一公路勘察设计研究院有限公司
　　　　　　　温州市高速公路投资有限公司
　　　　　　　东南大学
　　　　　　　中国科学院武汉岩土力学研究所
　　　　　　　中交第二公路工程局有限公司

中交路桥建设有限公司

中交第二航务工程局有限公司

主　　　　编：殷永高

主要参编人员：张　强　龚维明　徐宏光　周正明　李万恒　吕奖国　李　茜

宋松林　丁　蔚　余　竹　朱福春　郑伟峰　张科超　刘　钱

吴志刚　杨灿文　马乙一　刁先觉　余　周　汪学进　杨　昀

李法雄　王海伟　谢永林

主　　　　审：袁　洪

参与审查人员：秦大航　田克平　雷俊卿　陈　勇　朱大勇　黄　盛　徐宏武

参　加　人员：章　征　杨善红

目　　次

1　总则

1.0.1　为使根式基础做到技术先进、安全可靠、经济合理,制定本规程。

条文说明

根式基础是一种新的基础形式,采用专用顶进装置将根键挤扩到基础周边土体中,利用土体对根键的握裹力,增大基础的稳定性和承载力,减轻结构自重,具有良好的经济性。为了能够规范根式基础的设计、施工,统一检验标准,在保证基础安全可靠的同时,使根式基础更好地发挥效应,特制定本规程。

1.0.2　本规程适用于公路桥梁根式基础的设计、施工、质量检验与评定。

1.0.3　根式基础宜用于软岩、极软岩和土类地基。当地基覆盖层厚度小于30m或地基土中有孤石、树干或老桥基础等难于清除的障碍物时,不宜采用根式基础。

条文说明

根式基础已经在深厚覆盖层地区、软土地区等土类地基和软岩地基中得到了应用。实践证明,在此类地基中,利用顶进根键的方式,可以充分调动周围土体的承载力,从而提高基础的承载力、减少沉降,进而缩短桩长或减小基础的规模。从经济性考虑,当覆盖层厚度小于30m时,一般不采用根式基础;从施工难度和安全性考虑,当地基土中有孤石、树干等障碍物时,可能导致根键无法顶进到设计位置,或造成根键及顶进设备损坏。

1.0.4　根式基础的设计、施工、质量检验与评定除应符合本规程的规定外,尚应符合国家和行业现行有关标准的规定。

条文说明

本规程在编写过程中主要参考了下列国家及行业现行标准:《公路工程地质勘察规范》(JTG C20)、《公路桥涵设计通用规范》(JTG D60)、《公路钢筋混凝土及预应力混凝土桥涵设计规范》(JTG 3362)、《公路桥涵地基与基础设计规范》(JTG D63)、《公路钢结构桥梁设计规范》(JTG D64)、《公路工程混凝土结构耐久性设计规范》(JTG/T 3310)、《公路桥涵施工技术规范》(JTG/T F50)、《公路工程施工安全技术规范》(JTG F90)、《组合钢模板技术规范》(GB/T 50214)、《钢结构工程施工质量验收规范》(GB 50205)、《公路工程质量检验评定标准　第一册　土建工程》(JTG F80/1)等。

2 术语和符号

2.1 术语

2.1.1 根式基础　rooted foundation

在基础侧壁水平顶进预制根键，使其与基础主体结构侧壁固接形成类似树根的仿生基础，主要包括根式钻孔灌注桩基础、根式钻孔空心桩基础、根式钻孔沉管基础、根式沉井基础四种类型。

2.1.2 根式钻孔灌注桩基础　rooted cast-in-site bored pile

在钻孔灌注桩侧面顶进根键而形成的一种根式基础。

2.1.3 根式钻孔空心桩基础　rooted bored hollow pile

在空心钻孔灌注桩侧面顶进根键而形成的一种根式基础。

2.1.4 根式钻孔沉管基础　rooted bored tube sinking pile

在钻孔沉管基础侧壁顶进根键而形成的一种根式基础。

2.1.5 根式沉井基础　rooted caisson

在沉井基础侧壁顶进根键而形成的一种根式基础。

2.1.6 根键　root

基础主体结构侧壁横向凸出的支状承载构件，一般为预制钢筋混凝土结构、钢结构或钢混组合结构。

2.1.7 顶进力　jacking force

将根键水平顶进至土体的作用力。

2.2 符号

2.2.1 几何尺寸：

b_g——根键宽度；

D——基础主体结构外直径；

d——基础主体结构内直径；

h——基底埋深；

h_a——根键在桩(井)身的最小嵌固深度；

h_g——根键高度；

h_j——第 j 层根键的埋置深度；

l_g——根键伸入土体的长度；

l_i——承台底面或局部冲刷线以下各土层厚度；

m_g——每层根键的数量；

n——土的层数；

n_g——根键层数；

s_g——根键层间距,沿基础埋深方向相邻两层根键中心距。

2.2.2 地基承载力：

$[f_{a0}]$——基底处土的承载力基本容许值；

$[f_{aj}]$——第 j 层根键底面土的承载力基本容许值；

q_{ki}——与 l_i 对应的各土层与基础主体结构侧壁的摩阻力标准值；

q_{kj}——第 j 层根键所在土层与根键侧面的摩阻力标准值；

q_r——基底处土的承载力容许值；

q_{rj}——第 j 层根键底面土的承载力容许值；

$[R_a]$——根式基础轴向受压承载力容许值；

R_h——根式基础水平承载力；

R_{ha}——基础主体结构水平承载力；

R_{hg}——根键水平承载力。

2.2.3 系数和参数：

I_L——液性指数；

k_2——容许承载力随深度的修正系数；

m_0——清底系数；

γ_2——基底、根键底面以上各土层的加权平均重度；

η_g——根键相互影响效应系数,用于度量因多根键受力相互重叠的效应；

λ——修正系数。

2.2.4 效应：

M——桩(井)身外侧,根键根部弯矩。

2.2.5 材料性能：

f_{cd}——基础主体结构混凝土轴心抗压强度设计值。

3 设计

3.1 一般规定

3.1.1 根式基础应按现行《公路工程地质勘察规范》（JTG C20）的有关规定开展勘察工作。

条文说明

地质勘察的规定和要求需按国家及行业现行有关标准执行，工程设计人员根据勘察报告，分析评价根式基础的适用性，对施工过程，尤其是根键顶进过程中可能遇到的问题提出预防措施。

3.1.2 根式基础的设计应符合下列要求：

1 作用取值及其效应组合、稳定性验算、耐久性设计应按现行《公路桥涵设计通用规范》（JTG D60）、《公路钢筋混凝土及预应力混凝土桥涵设计规范》（JTG 3362）、《公路桥涵地基与基础设计规范》（JTG D63）、《公路工程混凝土结构耐久性设计规范》（JTG/T 3310）、《公路钢结构桥梁设计规范》（JTG D64）的规定执行。

2 地基岩土分类、工程特性、地基承载力及地基处理应按现行《公路桥涵地基与基础设计规范》（JTG D63）的有关规定执行。

3 承载力与位移计算应按本规程第3.7节的有关规定执行。

4 构造除应符合本章的规定外，尚应符合现行《公路钢筋混凝土及预应力混凝土桥涵设计规范》（JTG 3362）、《公路桥涵地基与基础设计规范》（JTG D63）、《公路工程混凝土结构耐久性设计规范》（JTG/T 3310）的有关规定。

3.1.3 根式基础应根据水文、地质、荷载、材料、上下部结构形式和施工条件，合理选用类型、平面尺寸、根键尺寸与数量。

3.1.4 在地质情况复杂的桥址区采用根式基础时，宜通过静载荷试验确定承载力。

条文说明

根式基础是一种新型基础形式，依据《公路桥涵地基与基础设计规范》（JTG D63—2007）第5.2.6条的规定：当地质情况复杂，对于大桥、特大桥基础施工前宜采用静载荷试验确定单桩承载力。其目的是为设计单位选定桩型、桩端持力层以及桩侧桩端阻力分布并确定基桩承载力提供依据,同时也为施工单位在新的地基条件下设定并调整施工工艺参数进行必要的验证。

3.1.5 根式基础主体结构混凝土强度等级不应低于 C30。

3.1.6 根式基础主体结构配筋应满足受力及构造要求,并符合下列要求:

1 主筋宜避开根键位置。

2 在根键位置处宜增设加劲箍,其位置与根键顶进设备发生冲突时,可设置在主筋外侧。

3.2 根键

3.2.1 根键可采用等截面或变截面的钢筋混凝土结构、钢结构、钢混组合结构,截面形式可选择十字形和矩形和箱形截面(图 3.2.1)。

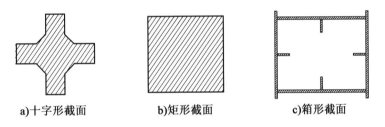

a)十字形截面　　　　b)矩形截面　　　　c)箱形截面

图 3.2.1　根键截面形式示意图

条文说明

根键截面形式要有利于根键正面土抗力的发挥,同时还要方便根键的制作和降低顶进难度。钢筋混凝土根键可选择十字形、矩形截面形式,钢结构根键可选用箱形截面。根式钻孔灌注桩基础一般采用矩形截面,而对于大直径根式基础(直径不小于 3m),为了能够在减轻自重的同时,尽可能增加根键与土体的接触面,多采用十字形截面和箱形截面。

3.2.2 大直径根式基础(直径不小于 3m)的根键宜采用变截面,在根键嵌固段加大渐变坡率,嵌固段坡度不小于 1%,形成楔形(图 3.2.2)。

条文说明

大直径根式基础的根键采用变截面形成楔形可加强止水效果。

3.2.3 在同一根式基础中,根键宜采用相同的尺寸、构造和材料。

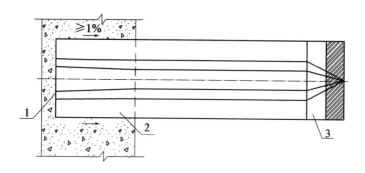

图 3.2.2　根键部位名称说明

1-根键顶面;2-嵌固段(根键嵌固于基础主体结构的部分);3-根键端头

条文说明

根式基础是在传统基础结构的基础上,通过顶进根键实现承载力的提高。为了方便设计和施工,避免产生差错,在同一基础中,一般采用尺寸、材料、构造相同的根键。

3.2.4　根键尺寸和布置应根据地基承载力、基础主体结构尺寸、根键顶进工艺要求综合确定。

条文说明

根键顶进施工时,要求根键长度、顶进设备与辅助顶进装置长度三者之和不大于主体结构直径。

3.2.5　根键布置位置和数量应按设计计算确定,并符合下列要求:

1　根键宜布置在基础主体结构中下部,并优先选择布置于地基承载力基本容许值较大的土层中。

2　底层根键与基底距离不应小于1倍的基础主体结构直径。

3　上下相邻两层根键在基础主体结构上宜交错布置,层间距不应小于2.5倍根键顶面截面较大边长。

4　每层根键数量不少于4个,且应对称布置。

5　相邻根式基础根键的水平投影净距不应小于基础主体结构直径的0.5倍。

条文说明

3　根键层间距较大时,各个根键独立工作,根键的应力叠加效应较弱,根键下的土体主要以压密变形为主,伴有少量的侧向剪切位移。根键层间距较小时,各个根键应力叠加效应较大,根键之间土体受到附加压应力的作用,产生较大的附加沉降,对于压缩性较高的土层,局部根键的土体可能产生拉裂隙,削弱根键与土体的摩阻力作用。为了减少根键引起的土层应力叠加,带动更多的土体一起受力,同时避免因土体挤密而使根键顶进困难等问题,层间距不能过小。根键布置分为等角度的交错布置与非交错布置,如图3-1所示。图 3-1a)是将奇数层与偶数层的根键交错布置,可减小重叠效应,提高土体对根键的整体承载力。

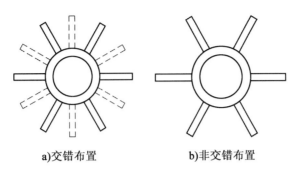

a)交错布置　　　　　　b)非交错布置

图 3-1　根键布置示意图

3.2.6　根键混凝土强度等级不应低于基础主体结构,且不低于C30。

3.2.7　根键可按弹性地基梁计算弯矩和剪力。钢筋混凝土根键应配置纵向钢筋和闭合箍筋,全部纵向钢筋配筋率不应小于2%。

条文说明

编写组对根式沉井基础进行现场试验,利用设置在根键内部的钢筋应变片得到断面测点的拉、压应变,从而获得相应截面的弯矩,分析可知,根式基础承受竖向荷载时根键所受的弯矩呈二次曲线分布,根键受力为均匀分布。有限元分析也得到了相同的结论。

要避免根键发生脆性破坏,同时在顶进过程中能承受周围土体和顶进设备的作用而不受损,根据工程应用经验,本规程提高了纵向钢筋配筋率最小限值。

3.2.8　根键水平伸入基础主体结构的最小嵌固深度应按式(3.2.8)计算确定,且不应小于1倍根键根部截面较大边长。

$$h_a = \sqrt{\frac{M}{0.083\,3f_{cd}b_g}}$$

(3.2.8)

式中:h_a——根键在桩(井)身的最小嵌固深度(m);

M——桩(井)身外侧,根键根部弯矩(kN·m);

f_{cd}——基础主体结构混凝土轴心抗压强度设计值(kPa);

b_g——垂直于弯矩作用平面根键的边长,即根键宽度(m)。

条文说明

为了加强根键与基础主体结构的连接,本规程基于《公路桥涵地基基础规范》(JTG D63—2007)第5.3.5条规定了伸入基础主体结构的长度。根键嵌固深度计算图式如图3-2所示,根键在土压力作用下发生转动,对桩身混凝土产生压应力,压力呈三角形分布。根据已有试验资料,嵌固深度不小于1倍根键根部(即根键与基础主体结构外侧交接位置）截面边长的情况下，根键与基础主体结构之间能够保证良好的整体性。

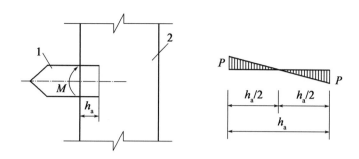

图 3-2　根键嵌入深度计算图式
1-根键；2-基础主体结构

3.2.9　根键顶进力应考虑根键顶进过程中正面阻力和侧面土摩阻力。摩阻力和土的承载力可按现行《公路桥涵地基与基础设计规范》（JTG D63）的有关规定选用，也可采用现场实测值。

条文说明

　　根键顶进一般采用机械操作，顶进过程中，根键受到正面阻力、土压力和侧面土摩阻力的作用，因此，顶进力需根据土体力学参数合理确定，以克服上述外力的作用。

3.2.10　根据根键顶进工艺要求，根键宜采用下列构造：

　　1　根键端头宜采用楔形构造或设置十字钢刃刀，并与根键钢筋可靠焊接，钢板厚度不小于 6mm。

　　2　根键宜设置顶面加强钢板、嵌固段加强钢套，钢板与根键钢筋应可靠焊接，钢板厚度根据顶进力与根键截面尺寸、材料强度确定，且不小于 4mm。

　　3　根键长度大于 1.5m 时，宜设置限位构造（图 3.2.10），且距根键顶面距离不小于 1 倍根键高度。

　　4　钢结构根键端头宜采用开口的空腔式结构。

　　5　根式钻孔沉管基础和根式沉井基础根键预留孔处宜设置导向钢套。

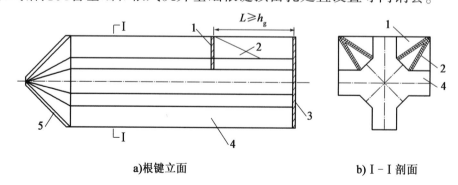

a）根键立面　　　　　　　　　　b）Ⅰ-Ⅰ剖面

图 3.2.10　根键限位构造示意
1-限位钢板；2-限位加劲板；3-顶面加强钢板；4-根键；5-钢刃刀

条文说明

1　为了使根键在土体中顺利顶进,根键端头宜采用楔形(图 3-3),此段长度一般为 0.5~1.0 倍根键高度。根键长度较大时,可在端头设置十字钢刃刀(图 3-4),钢刃刀根据土层情况采用与根键同高或高出根键端头表面 20mm。一般而言,根键的材料组合应满足结构受力、工艺要求,末端采用钢板、钢套进行局部加强。

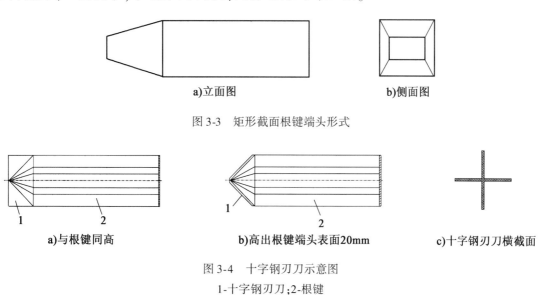

a)立面图　　　　　　　　　　b)侧面图

图 3-3　矩形截面根键端头形式

a)与根键同高　　　　　b)高出根键端头表面20mm　　　　c)十字钢刃刀横截面

图 3-4　十字钢刃刀示意图

1-十字钢刃刀;2-根键

3　增加限位构造以保证两侧根键能够同步、水平、平稳地顶进至土体内。

4　采用空腔式结构(图 3-5)将有利于根键在卵石等较硬土层中顶进施工。

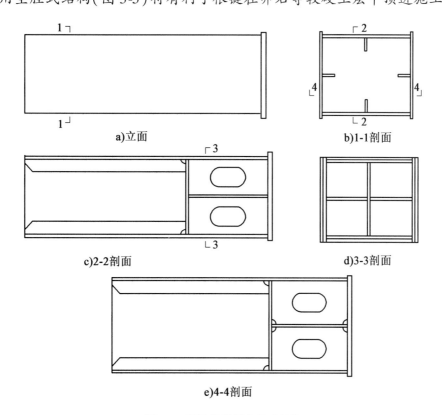

a)立面　　　　　　　　　　b)1-1剖面

c)2-2剖面　　　　　　　　　　d)3-3剖面

e)4-4剖面

图 3-5　钢结构根键空腔式结构

5 根键顶进过程中钢套主要起导向作用,钢套尺寸要与根键外表面尺寸匹配,使根键顶进到位后两者紧密贴合。

3.2.11 钢结构根键及混凝土根键导向钢套、嵌固段加强钢套应按永久钢结构进行防腐设计。

3.3 根式钻孔灌注桩基础

3.3.1 根式钻孔灌注桩主体结构平面尺寸应符合本规程第3.1.3条的规定,直径可为1.5~3m。

3.3.2 根键布设应避开护筒和钢筋接头位置,在根键位置附近区域采取局部加强措施。

3.4 根式钻孔空心桩基础

3.4.1 根式钻孔空心桩基础主体结构平面尺寸应符合本规程第3.1.3条的规定,直径可为3~6m,壁厚不应小于本规程第3.2.8条的规定,且不宜小于450mm。

条文说明
根式钻孔空心桩基础壁厚除要考虑承载需求外,还要综合考虑混凝土导管直径、钢筋净距、保护层厚度等影响施工操作及施工质量的因素。

3.4.2 根式钻孔空心桩基础桩顶实心段长度应根据基桩抗剪要求计算确定,桩底混凝土封底厚度应根据基底水压力和地基土向上反力计算确定,并考虑施工工艺要求。

3.4.3 桩身应按内力大小配筋,并符合下列要求:
1 桩身主筋直径不宜小于20mm。
2 钢筋保护层厚度不应小于60mm。
3 闭合式箍筋或螺旋筋直径不应小于主筋直径的1/4,且不应小于8mm;中心距不应大于主筋的15倍,且不应大于300mm。
4 内、外层钢筋骨架上每隔2.0m设置直径不小于32mm的加劲箍一道,内、外层对应。
5 钢筋骨架四周应设置突出的定位装置。
6 外层钢筋骨架主筋宜放置在箍筋内侧,内层竖向防裂构造钢筋宜放置在箍筋外侧。

条文说明

4 工程实践表明,根式钻孔空心桩基础直径较大时,外层钢筋骨架采用[10 的加劲箍,能够保证钢筋骨架吊装时不发生变形。

6 根式钻孔空心桩基础主体结构钢筋位置关系如图3-6所示。

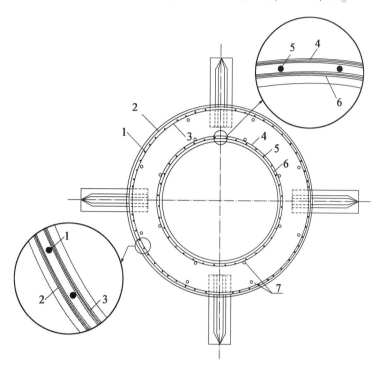

图3-6 根式钻孔空心桩基础主体结构钢筋位置关系示意图

1-外层主筋;2-外层钢筋骨架箍筋;3-外层钢筋骨架加劲箍;4-内层钢筋骨架箍筋;5-内层竖向防裂钢筋;6-内层钢筋骨架加劲箍;7-声测管

3.4.4 声测管应避开根键位置,沿管壁内、外侧均匀对称布置,内、外侧数量均不应少于8根,并应采取措施固定,使之成桩后相互平行。

3.5 根式钻孔沉管基础

3.5.1 根式钻孔沉管基础宜采用双壁钢壳混凝土圆形结构,主体结构平面尺寸应符合本规程第3.1.3条的规定,直径可为3~6m。

条文说明

根式钻孔沉管基础顶部、底部为实心封端,底部设成刃脚形式,中部为空心结构,构造如图3-7所示。

3.5.2 沉管壁厚应根据结构强度、根键的嵌固长度、施工根键顶进作用在管壁上的反力、钢壁加工的操作空间等因素确定,壁厚不应小于本规程第3.2.8条的规定,且不宜小于1/100管身长度或300mm。

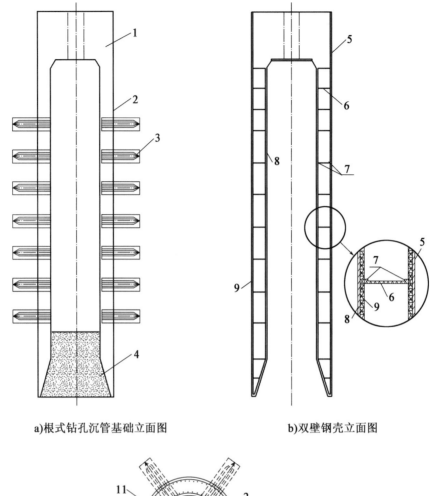

a)根式钻孔沉管基础立面图　　　　　　b)双壁钢壳立面图

c)平面图

图 3-7　根式钻孔沉管基础构造示意图

1-混凝土封顶；2-管壁；3-根键；4-混凝土封底；5-外层钢壁；6-径向支撑；7-环向加劲肋；8-内层钢壁；9-竖向加劲肋；10-外层纵筋；11-内层纵筋

条文说明

　　根式钻孔沉管基础由预制双壁钢壳及浇筑其间的混凝土组成，沉管壁厚是指混凝土厚度与钢壳厚度之和。

3.5.3　沉管混凝土封底厚度可按现行《公路桥涵地基与基础设计规范》(JTG D63)中沉井混凝土封底计算确定。封顶厚度可按现行《公路钢筋混凝土及预应力混凝土设计规范》(JTG 3362)中承台有关规定计算确定。

3.5.4　沉管钢壁每节高度应根据沉管的设计高度、根键层间距、现场情况和施工条件确定。标准节段长度宜按根键层间距的倍数取值,并应避开根键位置。

条文说明

　　根式钻孔沉管基础分节下沉一般设置首节段、标准节段、顶部节段。标准节段长度按根键层间距的倍数取值,首节段、顶部节段可与标准节段整体分节,首节段在水中施工或者下沉系数较小时,可视情况增加长度。在施工条件允许的情况下分节越长、分节数量越少越好,甚至可结合具体的施工方案不分节。

3.5.5　沉管刃脚根据地质情况,可采用尖刃脚或带踏面的刃脚。刃脚面应加强。刃脚底面宽度宜为 0.1~0.5m。刃脚斜面与水平面交角不宜小于 45°,刃脚部分应与封底混凝土形成整体。

条文说明

　　刃脚受力复杂、集中,要有足够的强度和刚度,同时以型钢加强,以免下沉时损坏。

3.5.6　沉管管身混凝土结构配筋率不应小于 0.2%。

3.6　根式沉井基础

3.6.1　根式沉井基础主体结构平面形状及尺寸应符合本规程第3.1.3条的规定,直径可为 6~12m。

条文说明

　　井孔的布置和大小需满足取土机具操作、根键施工顶进平台及吊装的要求,井孔大小需满足一根根键(非对称顶进)或一对根键(对称顶进)及根键顶进装置初始长度、顶进反力支垫等的长度要求。

3.6.2　沉井井壁的厚度应根据结构强度、根键的嵌固长度、施工下沉需要的重力、便于取土和清基等因素而定,井壁厚度不应小于本规程第3.2.8条的规定,且可采用0.7~1.5m。

3.6.3　混凝土封底和顶板厚度应按现行《公路桥涵地基与基础设计规范》(JTG D63)的有关规定计算,并考虑施工工艺的要求。

3.6.4　根式沉井井身混凝土结构配筋率不应小于 0.5%。

3.7　承载力与位移计算

3.7.1　根式基础轴向受压承载力容许值由基础主体结构侧摩阻力及其端阻力、根键侧摩阻力及其端阻力四部分组成，可按式(3.7.1-1)计算：

$$[R_a] = \frac{1}{2}\left(\pi D \sum_{i=1}^{n} q_{ki}l_i + 2m_g l_g h_g \sum_{j=1}^{n_g} q_{kj}\right) + \frac{\pi D^2 q_r}{4} + m_g b_g l_g \eta_g \sum_{j=1}^{n_g} q_{rj} \quad (3.7.1\text{-}1)$$

$$q_r = m_0 \lambda [f_{a0}] + k_2 \gamma_2 (h-3) \quad (3.7.1\text{-}2)$$

$$q_{rj} = [f_{aj}] + k_2 \gamma_2 (h_j - 3) \quad (3.7.1\text{-}3)$$

$\dfrac{s_g}{h_g} \leqslant 6$ 时：

$$\eta_g = \frac{\left(\dfrac{s_g}{h_g}\right)^{0.015m_g + 0.45}}{0.15n_g + 0.10m_g + 1.9} \quad (3.7.1\text{-}4)$$

式中：$[R_a]$——根式基础轴向受压承载力容许值(kN)，基础自重与置换土重(当自重计入浮力时，置换土重也计入浮力)的差值作为荷载考虑；对于根式沉井基础，轴向受压承载力容许值由主体结构端阻力及根键端阻力组成；

$\quad D$——基础主体结构外直径(m)；

$\quad n$——土的层数；

$\quad l_i$——承台底面或局部冲刷线以下各土层厚度(m)；

$\quad q_{ki}$——与 l_i 对应的各土层与基础主体结构侧壁的摩阻力标准值(kPa)，宜采用单桩(井)摩阻力试验确定，当无试验条件时，按现行《公路桥涵地基与基础设计规范》(JTG D63)选用；

$\quad q_{kj}$——第 j 层根键所在土层与根键侧面的摩阻力标准值(kPa)，宜采用单桩(井)摩阻力试验确定，当无试验条件时按表3.7.1选用；

$\quad q_r$——基底处土的承载力容许值(kPa)，当持力层为砂土、碎石土时，若计算值超过下列值，宜按下列值采用：粉砂1 000kPa，细砂1 150kPa，中砂、粗砂、砾砂1 450kPa，碎石土2 750kPa；

$\quad q_{rj}$——第 j 层根键底面土的承载力容许值(kPa)，当为砂土、碎石土时，若计算值超过下列值，宜按下列值采用：粉砂1 000kPa，细砂1 150kPa，中砂、粗砂、砾砂1 450kPa，碎石土2 750kPa；

$\quad n_g$——根键层数；

$\quad m_g$——每层根键的布置数量；

$\quad b_g$——根键宽度(m)；

$\quad l_g$——根键伸入土体的长度(m)；

$\quad h_g$——根键高度(m)；

s_g——根键层间距(m);

η_g——沿基础深度方向,根键相互影响效应系数,按式(3.7.1-4)计算,且小于1.0;

m_0——清底系数,按现行《公路桥涵地基与基础设计规范》(JTG D63)选用;

λ——修正系数,按现行《公路桥涵地基与基础设计规范》(JTG D63)选用;

$[f_{a0}]$——基底处土的承载力基本容许值(kPa),按现行《公路桥涵地基与基础设计规范》(JTG D63)确定;

$[f_{aj}]$——第j层根键底面土的承载力基本容许值(kPa),按现行《公路桥涵地基与基础设计规范》(JTG D63)确定;

k_2——容许承载力随深度的修正系数,按现行《公路桥涵地基与基础设计规范》(JTG D63)选用;

γ_2——基底、根键底面以上各土层的加权平均重度(kN/m³);

h——基底的埋置深度(m),计算值不大于40m,当大于40m时,按40m计算;

h_j——第j层根键的埋置深度(m),大于40m时,按40m计算。

表 3.7.1　根键与土体间摩阻力标准值 q_{kj}

土　类	状　态	摩阻力标准值 q_{kj} (kPa)
黏性土	$1.5 \geq I_L \geq 1$	15 ~ 30
	$1 > I_L \geq 0.75$	30 ~ 45
	$0.75 > I_L \geq 0.5$	45 ~ 60
	$0.5 > I_L \geq 0.25$	60 ~ 75
	$0.25 > I_L \geq 0$	75 ~ 85
	$0 > I_L$	85 ~ 95
粉土	稍密	20 ~ 35
	中密	35 ~ 65
	密实	65 ~ 80
粉、细砂	稍密	20 ~ 35
	中密	35 ~ 65
	密实	65 ~ 80
中砂	中密	55 ~ 75
	密实	75 ~ 90
粗砂	中密	70 ~ 90
	密实	90 ~ 105

注:I_L为土的液性指数。

条文说明

竖向荷载作用下,根式基础受力模式如图3-8所示。根据试验测试及有限元分析可知,根式基础竖向承载力包含四个部分:桩身侧壁摩阻力、基础底面承载力、各层根键单元侧面摩阻力和根键底面承载力。根式基础在承担竖向荷载时，侧摩阻先发挥作用。随着荷载的逐渐增加，基础主体结构向下产生位移，基础主体结构和根键带动周围土体也产生位移，土体的挤密作用也逐渐增大。当荷载继续增加时，侧摩阻达到极限值后，根键承载随之增加。根键达到承载极限后，端阻力开始发挥主要作用，直至土体破坏。

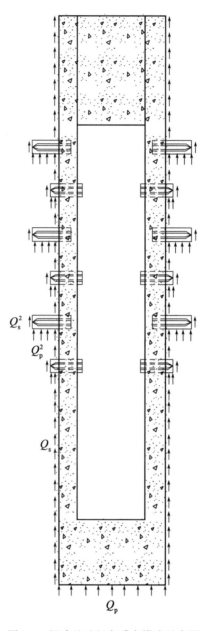

图 3-8 根式基础竖向受力模式示意图

针对四种类型根式基础，编写组进行了理论研究、有限元分析、现场静载试验，对基础水平、竖向承载力计算方法进行了验证，验证了根键的有效性及计算方法的可靠性。目前，根式基础已在淮河特大桥、马鞍山长江大桥、望东长江大桥以及池州长江大桥、甬台温高速公路复线改扩建项目等大桥中得到应用。对比现场静载试验与经验公式计算结果表明，本规程给出的竖向承载力计算公式具有足够的安全可靠性。在深厚覆盖层地区、软土地基中，对比有无根键时竖向承载力可知，相同条件下，顶进根键后，承载力能够提高

30%以上。

根式基础的根键顶进过程中,土体产生挤密效应,使得土体的物理力学性能高于原状土。但根键的挤密效应只是一种附加效应,尚难以在实际工程中量化,因此在实际工程设计中不予考虑。

根式基础的根键通过顶进装置将根键静压至土体中,表3.7.1中根键与土体间摩阻力标准值按现行《公路桥涵地基与基础设计规范》(JTG D63)中沉桩桩侧土的摩阻力标准值取值。

3.7.2　根式基础沉降可按本规程附录 A 计算,也可按其他有可靠根据的方法计算。

3.7.3　根式基础水平承载力可按式(3.7.3)计算,水平位移可按本规程附录 B 计算。

$$R_h = R_{ha} + R_{hg} \tag{3.7.3}$$

式中:R_h——根式基础水平承载力;

R_{ha}——基础主体结构水平承载力,按现行《公路桥涵地基与基础设计规范》(JTG D63)计算;

R_{hg}——根键水平承载力,可按本规程附录 C 计算。

3.7.4　当基础主体结构作为支撑系统承受根键顶进力作用时,应验算基础主体结构局部承载能力。

条文说明

在进行除根式钻孔灌注桩基础外的根键顶进施工时,可将基础主体结构作为顶进设备的反力系统,但应验算局部承载能力。顶进力的计算考虑根键顶进过程中正面阻力、土压力和根键侧面土的摩阻力。

4 施工

4.1 一般规定

4.1.1 根式基础施工前应制订专项施工方案。

4.1.2 根式基础施工过程中应对地质情况进行复核并做好详细记录，当实际地质情况与勘测报告出入较大时，宜补充地质钻探，并及时通知设计和监理单位。

4.1.3 钻孔泥浆配合比和配置方法宜通过试验确定，其性能应与钻孔方式、土层情况相适应，且泥浆胶体率不得小于98%，钻孔过程中应随时检测泥浆性能，不符合要求时应及时调整。

4.2 根键预制

4.2.1 根键预制和存放场地应平整、坚实，承载力应满足要求。

4.2.2 根键预制模板加工尺寸误差、焊缝质量宜符合《公路桥涵施工技术规范》（JTG/T F50）、《组合钢模板技术规范》（GB/T 50214）等国家及行业现行标准的有关规定。

4.2.3 根式钻孔沉管基础、根式沉井基础根键导向钢套与嵌固段加强钢套的加工应满足下列规定：

    1 钢套材质、焊接要求应满足设计要求。
    2 导向钢套与嵌固段加强钢套应匹配加工，并统一编号、按顺序堆放。

条文说明

    导向钢套提前安装在管壁预留孔，起到导向作用。嵌固段加强钢套在根键底模安装完毕后与根键钢筋骨架、钢刃刀、预埋件一起安装，合模后浇筑混凝土。

    2 可采用下列措施保证导向钢套与嵌固段加强钢套精度匹配，使根键顶进完成后根键与导向钢套之间紧密贴合：根键加强钢套采用一套胎架，保证尺寸精度；每个导向钢套均在对应的一个加强钢套上加工，利用楔形结构，做到完全匹配，导向钢套焊接完成后方可与加强钢套分离;导向钢套焊缝设置在外侧,加强钢套焊缝设在内侧。两者一一对应编号,并做好方向标识。根键钢套构造如图4-1所示。

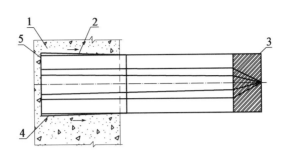

图4-1 根键钢套构造示意图

1-管(井)身混凝土;2-导向钢套;3-钢刃刀;4-嵌固段加强钢套;5-末端承压钢板

4.2.4 长度不大于600mm的预制混凝土根键,混凝土宜采用振动台整体振捣;长度大于600mm的预制混凝土根键,混凝土宜采用插入式振捣棒振捣。

4.3 根键安装

4.3.1 根键混凝土达到设计强度后方可进行顶进施工。

4.3.2 根键顶进施工前,施工单位应按本规程第3.2.9条的规定复核验算顶进力。

4.3.3 根键应采用专门设备进行水平顶进,并根据根式基础类型、顶进力、行程合理选用下列顶进设备:
   1 根式钻孔灌注桩基础宜选用旋挖顶进一体机。
   2 根式钻孔空心桩基础宜选用大直径自平衡顶进装置。
   3 根式钻孔沉管基础和根式沉井基础宜选用单臂顶进装置。

条文说明

根键的顶进设备应根据根式基础类型、顶进力选用。目前已研发的根式基础根键顶进配套设备可满足不同直径、不同工况根键顶进工艺的需要。

   1 旋挖顶进一体机,如图4-2所示,适用于直径不大于3m的根式钻孔灌注桩的根键顶进。该设备由旋挖钻机和根键顶进装置组成,钻头和根键顶入装备通过插销连接到旋挖钻机平台,实现快速现场更换。采用根键顶进装置进行顶进时,由旋挖钻机将装置沉放到位后,通过设置在地面上的集中液压站将根键顶出液压缸套,顶入钻孔桩侧壁内,完成根键顶进。

   2 大直径自平衡顶进装置一般采用旋挖钻机和履带式起重机配合。

图 4-2　根式钻孔灌注桩基础根键顶进设备示意图

4.3.4　根式基础根键顶进施工时，应做好根键预留孔定位指示标记和编号，并根据标记由下往上按编号逐层顶进。

4.3.5　大直径根式基础顶进根键时，应符合下列要求：

　　1　千斤顶宜根据顶进力、根键入土深度进行选择，顶进过程中应注意观察、记录千斤顶油压读数。

　　2　采用旋挖钻机单臂顶进装置时，宜通过钻杆转动角度及竖向位移确定根键预留孔的位置，并采用压力显示进行验证。

　　3　顶进施工时应实时观测根键轴线变化情况，若偏离预留孔中心线，应立即停止顶进，调整后方可继续施工。

　　4　根键顶进到位后，根键在基础主体结构内侧预留长度应满足设计要求。

4.3.6　顶进时应根据根键尺寸、土层情况合理控制顶进速度，对于小直径自平衡顶进装置，顶进速度的最大限值随根键截面尺寸的增大而降低，顶进最大限值宜控制在4.6mm/s以下；对于大直径自平衡顶进装置，顶进速率不宜超过1.2mm/s。

4.3.7　根键顶进过程中，出现下述情况时应立即停止，查明原因并采取相应措施后方可继续顶进：

　　1　两侧根键水平顶进不平衡。

　　2　根键定位不准确，触碰钢筋骨架。

　　3　遇到不良地质，顶进困难。

条文说明

1　对称顶进大直径根键时,由于土层存在不均衡性,两侧根键入土深度可能出现较大差异,导致根键偏离设计位置,可通过顶进设备的吊杆与垂线之间偏角以及根键顶进油缸行程差来判定不均衡程度。采用本规程第3.2.10条限位构造可消除这种不利影响。

2　根键顶进设备能控制下放深度,通过声测管、测绳等辅助手段,按本规程第4.3.4条通常可以准确定位。根键定位不准确,会触碰钢筋骨架,此时,油缸行程基本不增加,但油压显示异常,同时,钢筋骨架晃动严重,应立即停止顶进施工,重新定位、安装根键。

3　由于土层存在不均匀性,根键顶进过程中可能会遇到较大的石块,此时,油缸行程基本不增加,但油压显示异常,顶进力甚至超过设计值,应立即停止顶进施工。

4.4　根式钻孔灌注桩基础

4.4.1　根式钻孔灌注桩基础施工工艺流程按图4.4.1的顺序进行。

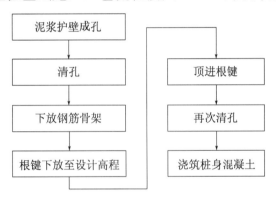

图4.4.1　根式钻孔灌注桩基础施工工艺流程

4.4.2　钢筋骨架在制作、运输、安装时,除应符合现行《公路桥涵施工技术规范》(JTG/T F50)的规定外,尚应符合下列规定:

1　钢筋骨架宜在胎架上分节同槽匹配制作,根据实际工况合理设置单节钢筋骨架长度。主筋的接头应错开布置,每个断面接头面积不得大于截面面积的50%,相邻接头断面间距不小于1.5m。

2　根键预留孔尺寸不得小于设计值,根键中心位置偏差控制在±15mm范围内。

4.5　根式钻孔空心桩基础

4.5.1　根式钻孔空心桩基础施工工艺流程按图4.5.1的顺序进行。

条文说明

对于根式钻孔空心桩基础,先安装外层钢筋骨架,在根键顶进、内模安装完成后,以内模作为基准下放内层钢筋骨架,如图4-3所示。

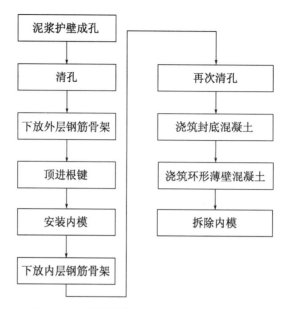

图 4.5.1 根式钻孔空心桩基础施工工艺流程

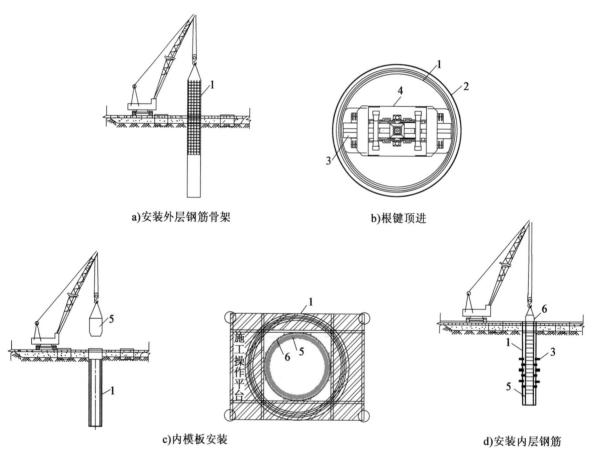

a)安装外层钢筋骨架   b)根键顶进

c)内模板安装   d)安装内层钢筋

图 4-3 根式钻孔空心桩施工工序

1-外层钢筋骨架;2-孔壁;3-根键;4-顶进装置;5-内模板(底模);6-内层钢筋骨架

4.5.2 钢筋骨架在制作、运输、安装时,除应符合第 4.4.2 条的规定外,尚应符合下列规定:

　　1　外层和内层钢筋骨架均应在定位胎架上匹配制作,确保钢筋骨架制作精度。运输及安装过程中,应合理设置临时内撑,加强对钢筋骨架的保护,严格控制骨架变形。

　　2　钢筋骨架下放到位后,应采取措施对钢筋骨架进行限位和固定,避免后续施工过程中钢筋骨架移位。

4.5.3　根键的定位和顶进,应符合本规程第4.3.4条的规定。

4.5.4　内模在竖向应分节制作,分节长度宜为3~5m,其制作应符合下列规定:

　　1　底节模板应整块制作,作为内模定位使用;其余模板应分块制作,通过立柱连接。

　　2　模板应具有自浮能力,每个分块模板应进行水密试验。

　　3　模板与立柱之间的间隙不应大于8mm。

　　4　制作完成后应进行试拼,节段间错台不应大于3mm。

条文说明

　　根式钻孔空心桩基础内模系统由模板、十字撑、立柱、钢丝绳、钢绞线等构成,立柱沿基础主体结构平面对称布置,模板一般在立柱位置处进行平面分块。内模系统构造如图4-4所示,标准节段构造如图4-5所示。

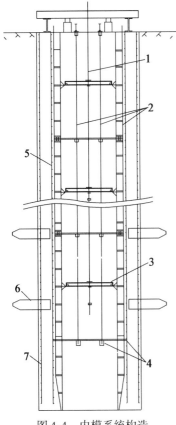

图4-4　内模系统构造

1-钢丝绳;2-钢绞线;3-十字撑;4-单孔锚具;5-内层钢筋骨架;6-根键;7-外层钢筋骨架

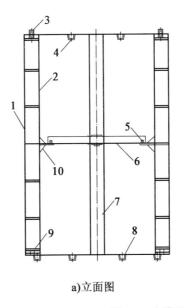 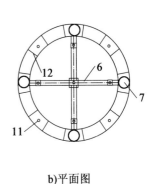

a)立面图　　　　　　　　　　b)平面图

图4-5　内模系统标准节段构造

1-外壁板;2-内壁板;3-立柱连接丝杆;4-阴榫;5-锥形销;6-十字撑;7-立柱;8-阳榫;9-内丝;10-牛腿;11-钢绞线预留孔;12-加劲板

4.5.5 内模系统安装施工可按下列步骤进行：

1 在孔口位置设置内模安装限位架并调平。

2 吊放底节定位模板，并在孔口临时固定。

3 各节内模按照立柱、十字撑、模板顺序依次安装。

条文说明

相邻两节段的立柱通过阴、阳榫将立柱安装就位，十字撑可将立柱连成整体。模板则是以立柱为导向，逐次吊装。内模系统施工工艺流程如图4-6所示。

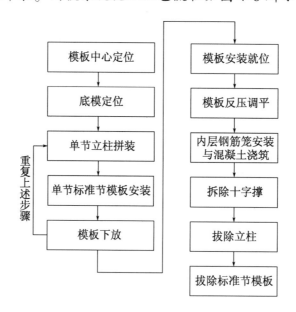

图4-6　内模系统施工工艺流程

4.5.6 内模系统的拆除可按下列步骤进行：

1 提升钢丝绳，使十字撑与立柱脱离，释放混凝土施加给模板体系的侧壁压力。

2 在孔口利用千斤顶同步拔出立柱，使同一层的模板间产生空隙，给脱模留出空间。

3 拆除反压千斤顶，辅以千斤顶张拉钢绞线提升，模板与混凝土侧壁脱离，在浮力的作用下上浮，在孔口逐层拆除内模。

4.5.7 混凝土坍落度宜为200～220mm，初凝时间宜控制在14～16h。

4.5.8 水下灌注施工时，应根据现场试验实际测量的混凝土自流距离指导导管的布置，导管间距不宜大于3m。

4.6 根式钻孔沉管基础

4.6.1 根式钻孔沉管基础宜采用钻沉法施工，施工工艺流程按图4.6.1的顺序进行。

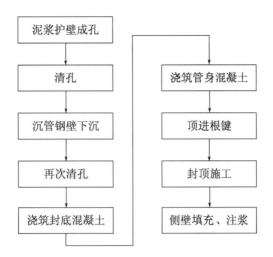

图 4.6.1　根式钻孔沉管基础施工工艺流程

4.6.2　钻孔施工除应符合现行《公路桥涵施工技术规范》(JTG/T F50)中关于钻孔灌注桩的有关规定外,尚应符合下列要求:

1　孔径应比沉管直径大 400mm。

2　护筒宜采用钢板卷制,其内径应大于钻孔直径至少 200mm。

3　终孔后应注入泥浆清孔,使孔内泥浆在预制双壁钢壳下沉到位,浇筑封底混凝土前,桩底沉渣厚度应满足设计要求。

4.6.3　沉管钢壁制作工艺流程应符合图 4.6.3 的要求。

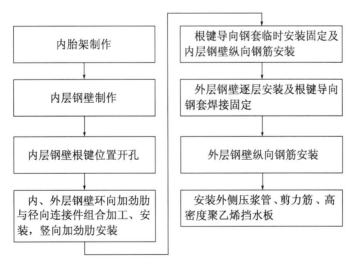

图 4.6.3　钢壁制作工艺流程

4.6.4　沉管钢壁制作应符合下列要求:

1　内、外层钢壁分节段制作,节段长度应根据场地、起吊设备、精度控制等现场条件综合确定,且应具有适当重力便于顺利下沉。

2　根键导向钢套应提前牢固安装在内、外层钢壁板上,钢套尺寸和位置应满足设计要求。

 3 内层钢壁制作完成后，应按设计要求进行防腐处理。

4.6.5 沉管钢壁节段下沉时，可利用注水辅助下沉方法使钢壁自平衡下沉到位。下沉施工应符合下列规定：

 1 下沉时应设置限位架，控制钢壁倾斜度不大于1%。

 2 首节钢壁应设置前导向，按设计中心位置下沉到位并临时固定，测量控制中心偏位、倾斜度并调整到位。

 3 标准节段下沉时，通过内层钢壁的导向钢板，引导上下内钢壁位置重合，测量控制倾斜度和中心偏位。

 4 竖向钢筋及竖向加劲肋采用搭接焊接，内层钢壁采用对接焊接，外层钢壁宜采用外包钢板的形式搭接焊接，内、外层钢壁接缝处沿环向均匀布设加劲板焊接加强。

 5 首节钢壁下沉浮力大于重力时，可采用先浇筑刃脚混凝土的方法增加自重以克服下沉浮力。

条文说明

 2 沉管钢壁节段对接主要控制倾斜度，由于钢壁下沉过程受孔内倾斜度影响，首节钢壁必须设置前导向，配合平台限位措施，可避免出现剐蹭孔壁现象。每节钢壁下沉就位后，需保证平面位置准确，严控上口水平度。在对接焊接前，下一节段钢壁需同步控制平面位置和上口水平度，即达到上下节段同心，保证倾斜度。

 4 外层钢壁板加工时预留连接段，用于内部钢筋和竖向加劲肋的焊接，钢壁板对接采用外包钢板的方法，可有效降低对接难度。

4.6.6 沉管封底施工应符合下列规定：

 1 沉管钢壁下沉安装完成清孔后，再进行封底混凝土灌注，封底混凝土浇筑前，应将钢壁与钢护筒进行连接，防止钢壁在浇筑混凝土时发生上浮现象。

 2 采用导管法进行水下混凝土封底施工时，导管数量及分布应根据导管作用半径及封底面积确定，混凝土坍落度和导管埋深应符合现行《公路桥涵施工技术规范》（JTG/T F50）有关规定。

4.6.7 沉管混凝土浇筑除应符合现行《公路桥涵施工技术规范》（JTG/T F50）中关于钻孔灌注桩的规定外，尚应符合下列规定：

 1 应根据根键位置及管壁尺寸布设混凝土导管，并设置导向钢筋限制导管偏移，避免剐蹭钢构件。

 2 水下混凝土应采用多导管同步下料，混凝土坍落度和导管埋深应符合有关规定。

4.6.8 沉管外侧壁填充与注浆施工应符合设计要求。

4.7　根式沉井基础

4.7.1　根式沉井基础可采用集中预制或原位现浇施工,施工工艺流程按图4.7.1 的顺序进行。

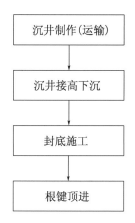

图 4.7.1　根式沉井基础施工工艺流程

4.7.2　沉井制作运输应满足规范要求,节段预制时应按设计要求预埋根键导向钢套和高密度聚乙烯挡水板。

4.7.3　根式沉井基础可利用自重下沉,必要时可采用配重、高压射水、空气幕、环形取土等措施辅助下沉,采用空气幕和环形取土辅助下沉时应符合下列规定:

1　空气幕气龛按下列规定布设:

1)应在沉井预制时提前设置空气幕气龛。

2)气龛布置宜上疏下密,呈梅花形分布,距井顶以下 5m 范围内以及刃脚以上 3m 范围内不宜布置气龛。

3)气龛形状宜采用预留木楔块设置成棱锥形凹槽(图4.7.3)。

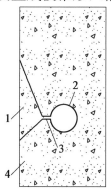

图 4.7.3　气龛示意图
1-气龛凹槽;2-水平风管;3-喷气孔;4-井壁

4）计算总供风量时，以每个气笼耗风量不小于 0.020 ~ 0.025m³/min 为宜。

2 采用环形取土辅助下沉时，各隔仓应同步取土，并在施工过程中做好监测，及时纠偏。

条文说明

2 采用环形取土辅助下沉方式时，根式沉井基础截面要求为中空构造，并在井壁内均匀布置隔仓，隔仓示意图如图4-7所示。

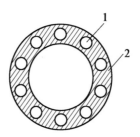

图4-7 隔仓示意图
1-隔仓;2-井壁

5　质量检验与评定

5.1　一般规定

5.1.1　根式基础的质量检验主要包括成孔、预制构件制作及安装、混凝土浇筑的质量检查。

5.1.2　根式基础施工应分阶段进行质量检验,并填写检查记录。

5.1.3　根式基础所用的各种原材料的品种、规格、质量及混合料配合比和半成品、成品应符合有关技术标准规定,并满足设计要求。

5.1.4　根式基础的根键、沉管的质量检验标准应符合本章规定,其余应符合现行《公路工程质量检验评定标准　第一册　土建工程》(JTG F80/1)的规定。

5.1.5　根键运输过程中应加强防护,不应出现开裂、磕碰等损伤。

5.1.6　根式基础质量评定方法应符合现行《公路工程质量检验评定标准　第一册土建工程》(JTG F80/1)的规定。

5.2　根式钻孔灌注桩基础

5.2.1　根式钻孔灌注桩基础应符合下列基本要求:

1　根键顶进前应确认根键预留孔平面、竖向位置,并进行标识,待根键混凝土强度满足设计要求后,方可进行顶进施工。

2　根键顶进长度满足要求后,方可进行上层根键顶进施工。

3　完成根键顶进后,应再次清孔,确认沉淀厚度符合设计或施工技术规范要求后,方可进行混凝土浇筑。

5.2.2　根式钻孔灌注桩基础实测项目应包括下列内容:

1　根键预留孔质量应满足表 5.2.2-1 的要求。

2　根键的预制与顶进质量应满足表 5.2.2-2 的要求。

表 5.2.2-1　根键预留孔质量标准

项次	检 查 项 目		规定值或允许偏差	检查方法和频率
1	根键预留孔洞位置	竖向（mm）	±15	尺量，每桩检查
		环向（mm）	±15	尺量，每桩检查
2	预留根键孔洞外轮廓尺寸（mm）		+10，−0	尺量，每桩检查

表 5.2.2-2　根键预制与顶进质量标准

项次	检 查 项 目		规定值或允许偏差	检查方法和频率
1△	混凝土强度（MPa）		在合格标准内	按现行《公路工程质量检验评定标准　第一册　土建工程》（JTG F80/1）检查
2	根键截面尺寸（mm）		+0，−5	尺量，每个构件检查 3 个断面
3	根键钢筋骨架	主筋间距（mm）	±3	尺量，每个构件检查 2 个断面
		箍筋间距（mm）	±3	尺量，每个构件检查 5～10 处
		钢筋骨架尺寸（mm）	±3	尺量，每个构件检查 3 个断面
4△	保护层厚度（mm）		±3	尺量，每个构件测 3 个断面，每个断面 4 处
5	根键顶进后外露长度偏差（mm）		±10	设备行程

注：关键项目以"△"标识（下同）。

5.3　根式钻孔空心桩基础

5.3.1　根式钻孔空心桩基础应符合下列基本要求：

1　根键顶进前应确认根键预留孔平面、竖向位置，并进行标识，待根键混凝土强度满足设计要求后，方可进行顶进施工。

2　根键顶进长度满足要求后，方可进行上层根键顶进施工。

3　混凝土灌注前，应对管壁区域再次进行清孔，确认沉淀厚度满足设计要求并符合施工技术规范规定后，方可灌注混凝土。

4　浇筑混凝土时，应控制混凝土表面高差使其保持同步。

5　混凝土应连续灌注，不应有夹层和断桩，灌注时钢筋骨架不应上浮。

5.3.2　根式钻孔空心桩基础实测项目应包括下列内容：

1　根键预留孔质量应符合本章表 5.2.2-1 的要求。

2　根键的预制与顶进质量应满足表 5.3.2 的要求。

表 5.3.2　根键预制与顶进质量标准

项次	检查项目		规定值或允许偏差	检查方法和频率
1△	混凝土强度(MPa)		在合格标准内	按现行《公路工程质量检验评定标准 第一册 土建工程》(JTG F80/1 检查)
2	根键截面尺寸(mm)		±5	尺量
3	根键钢套尺寸	横向(mm)	±5	尺量,每个测点4处
		竖向(mm)	±5	
4	钢筋安装	主筋间距(mm)	±5	尺量,检查2个断面
		箍筋间距(mm)	±20	尺量,检查5~10个间距
		保护层厚度(mm)	±5	尺量,沿模板周边检查8处
5	根键顶进后外露长度偏差(mm)		±10	设备行程,结合线锤探测

5.4　根式钻孔沉管基础

5.4.1　根式钻孔沉管基础应符合下列基本要求:

1　沉管钢壁下沉倾斜度应符合本规程第4.6.5条的规定。

2　完成沉管钢壁下沉后,应再次清孔,确认沉淀厚度满足设计要求并符合施工技术规范规定后,方可灌注混凝土。

3　根键顶进前应确认根键预留孔平面、竖向位置,并进行标识,待根键混凝土强度满足设计要求后,方可进行顶进施工。

4　根键顶进长度满足要求后,方可进行上层根键顶进施工。

5.4.2　根式钻孔沉管基础实测项目应包括下列内容:

1　沉管钢壁制作、安装、涂装质量应符合表5.4.2-1~表5.4.2-3的规定。

表 5.4.2-1　钢壁制作质量标准

项次	检查项目		规定值或允许偏差	检查方法和频率
1△	钢壁尺寸	内直径(mm)	±20	尺量,每节顶、底口各检查4处
		外直径(mm)	±30	
2△	内、外钢壁间距(mm)		±15	尺量,每节顶、底口各检查4处
3	倾斜度(mm)		≤1%H	垂直度尺或吊线,每节检查4处
4△	根键导向钢套安装位置	平面(mm)	±20	尺量,钢套两端各1处
		高程(mm)	±20	
		平整度(mm)	±10	尺量,钢套两端各1处
5	根键导向钢套截面尺寸(mm)		±5	尺量,测4点

项次	检 查 项 目		规定值或允许偏差	检查方法和频率
6	钢筋安装	主筋间距（mm）	±10	尺量,每节 5 处
		环向、径向钢筋间距（mm）	±10	
		保护层厚度（mm）	±5	
7△	焊缝质量		符合设计要求	根据规范要求检查

注：H 为沉管高度。

表 5.4.2-2　钢壁安装质量标准

项次	检 查 项 目		规定值或允许偏差	检查方法和频率
1△	中心偏位	横桥向（mm）	20	全站仪或经纬仪,测钢壁两轴线交点
		纵桥向（mm）	20	
2△	倾斜度	横桥向（mm）	≤1%H	吊垂线,检查两轴线 1～2 处
		纵桥向（mm）		
3	顺直度（mm）		20	尺量,一周测 4 处
4	沉管刃脚高程（mm）		符合设计要求	水准仪,测 4～8 处顶面高程反算

注：H 为沉管高度。

表 5.4.2-3　钢壁涂装质量标准

项次	检 查 项 目	规定值或允许偏差	检查方法和频率
1△	除锈清洁度	清洁度 Sa2.5 级	对照板目测,不少于构件总数10%
2△	粗糙度（μm）	$R_z40～100$	糙度仪,每节查 6 点,取平均值
3△	总干膜厚度（μm）	符合设计要求	涂层测厚仪,不少于构件总数10%,每构件沿长度测 4 个断面,每个断面测 4 点,取平均值
4	附着力（MPa）	符合设计要求	按设计要求检查,未要求时用拉开法检查,每 10 根构件检查 1 根,每根测 1 处
5	电火花检漏（点/m²）	0.3 点	电火花检漏仪,逐根检查

2　沉管成孔质量应符合表 5.4.2-4 的规定。

表 5.4.2-4　沉管成孔质量标准

项次	检 查 项 目	规定值或允许偏差	检查方法和频率
1△	孔位中心位置（mm）	50	全站仪或经纬仪,每孔检查
2△	孔径（mm）	不小于设计值	测孔仪,每孔检查
3△	孔深（m）	不小于设计值	测绳,每孔测量
4	倾斜度（mm）	≤1%H	测孔仪,每孔检查

注：H 为沉管高度。

3　沉管管身、封底、封顶施工质量应符合表 5.4.2-5 ～ 表 5.4.2-7 的规定。

表5.4.2-5 沉管管身施工质量标准

项次	检查项目		规定值或允许偏差	检查方法和频率
1△	混凝土强度(MPa)		在合格标准内	按现行《公路工程质量检验评定标准 第一册 土建工程》(JTG F80/1)检查
2△	中心偏位	横桥向(mm)	50	全站仪或经纬仪,测管身两轴线交点
		纵桥向(mm)	50	
3	倾斜度	横桥向(mm)	≤1%H	吊垂线,检查两轴线1~2处
		纵桥向(mm)		
4△	井壁厚度(mm)		±15	尺量,顶口沿周边量4点
5	平面尺寸	外壁直径(mm)	±20	尺量,顶口沿周边量4点
		内壁直径(mm)	±20	尺量,顶口沿周边量4点
6	顶面高程(mm)		±50	水准仪,测5处

注:H为沉管高度。

表5.4.2-6 沉管封底施工质量标准

项次	检查项目	规定值或允许偏差	检查方法和频率
1△	混凝土强度(MPa)	在合格标准内	按现行《公路工程质量检验评定标准 第一册 土建工程》(JTG F80/1)检查
2△	基底高程(mm)	+0,-100	测绳和水准仪,测5~9处
3△	顶面高程(mm)	±50	水准仪,测5处
4	沉淀厚度(mm)	≤100	沉淀盒或标准测锤,每孔检查

表5.4.2-7 沉管封顶施工质量标准

项次	检查项目		规定值或允许偏差	检查方法和频率
1△	混凝土强度(MPa)		在合格标准内	按现行《公路工程质量检验评定标准 第一册 土建工程》(JTG F80/1)检查
2	中心偏位(mm)		20	全站仪或经纬仪,纵、横各测量2点
3	断面尺寸(mm)		±30	尺量,检查1~2个断面
4	顶面高程(mm)		±50	水准仪,测5处
5	预埋件位置(mm)		符合设计要求	尺量,每件
6	钢筋安装	主筋间距(mm)	±5	尺量,每构件检查2个断面
		箍筋(mm)	±20	尺量,每构件检查5~10个间距
		保护层厚度(mm)	±5	尺量,每构件沿模板周边检查8点

4 根键预制、顶进施工质量应符合表5.4.2-8、表5.4.2-9的规定。

表 5.4.2-8　根键预制施工质量标准

项次	检 查 项 目		规定值或允许偏差	检查方法和频率
1△	混凝土强度（MPa）		在合格标准内	按现行《公路工程质量检验评定标准　第一册　土建工程》（JTG F80/1）检查
2△	根键内套尺寸	横向（mm）	±5	尺量，每个测 4 处
		竖向（mm）	±5	
3	导向钢套与嵌固段加强钢套匹配性		匹配	试套，每根
4	构件焊接质量		符合设计要求	按规范检查
5	钢筋安装	主筋间距（mm）	±5	尺量，检查 2 个断面
		箍筋（mm）	±20	尺量，检查 5~10 个间距
		保护层厚度（mm）	±5	尺量，沿模板周边检查 8 处
6	根键截面尺寸（mm）		±5	尺量

表 5.4.2-9　根键顶进施工质量标准

项次	检 查 项 目	规定值或允许偏差	检查方法和频率
1	根键顶进完毕外露长度偏差（mm）	±10	尺量，每根

5　沉管侧壁填充及注浆施工质量应符合表 5.4.2-10 的规定。

表 5.4.2-10　沉管侧壁填充及注浆施工质量标准

项次	检 查 项 目	规定值或允许偏差	检查方法和频率
1△	压浆强度（MPa）	符合设计要求	按现行《公路工程质量检验评定标准　第一册　土建工程》（JTG F80/1）检查
2	注浆压力（MPa）	不低于压浆管底口静水压力	压力表，每根
3	注浆量	按碎、砾石空隙率计算压浆量	称量，每根
4	填充碎、砾石粒径（mm）	10~50	尺量，每批

5.5　根式沉井基础

5.5.1　根键导向钢套与嵌固段加强钢套的强度和刚度应符合设计及施工工艺要求，防止钢筋焊接和混凝土浇筑过程中变形。钢筋骨架制作过程中，按设计要求预埋导向钢套和高密度聚乙烯挡水板。

5.5.2　根式沉井基础实测项目应包括下列内容：

1　沉井井身混凝土、封底、顶盖等基础主体结构施工质量除应符合表 5.5.2 的规定外，尚应符合现行《公路桥涵施工技术规范》（JTG/T F50）、《公路工程质量检验评定标准 第一册　土建工程》（JTG F80/1）的有关规定。

2　根键预制及顶进质量应符合本规程表 5.4.2-8、表 5.4.2-9 的规定。

3 井壁侧壁填充及注浆施工质量应符合本规程表 5.4.2-10 的规定。

表 5.5.2 根式沉井基础制作质量标准

项次	检查项目		规定值或允许偏差	检查方法和频率
1△	混凝土强度(MPa)		在合格标准内	按现行《公路工程质量检验评定标准 第一册 土建工程》(JTG F80/1)检查
2	沉井平面尺寸(mm)		±0.5%R	尺量,每节段顶面测 4 处
3	井壁厚度	混凝土(mm)	+40,-30	尺量,每节段沿边线测 8 处
		钢筋混凝土(mm)	±15	
4	沉井顶面高程(mm)		±30	水准仪,测 5 处
5△	沉井刃脚高程(mm)		符合设计要求	水准仪,测 4 点
6	顶、底面中心偏位(纵、横向)	一般(mm)	≤H/100	全站仪,每节段顶面边线与两轴线交点
		浮式(mm)	≤H/100+250	
7	沉井最大倾斜度(纵、横方向)(mm)		≤H/100	吊垂线,纵横向各 1 点
8	根键导向钢套安装位置	平、竖向位置(mm)	±20	尺量,测 4 点
		径向角度(°)	±1	全站仪
9	根键导向钢套截面尺寸(mm)		+3,-0	尺量,测 4 点

注:R 为沉井半径;H 为沉井高。

附录 A 根式基础沉降计算

A.0.1 根式基础沉降计算可根据 Winkler 弹性地基梁模型，采用荷载传递法，基础沉降与土体反力关系模型有限元计算图式如图 A.0.1 所示。

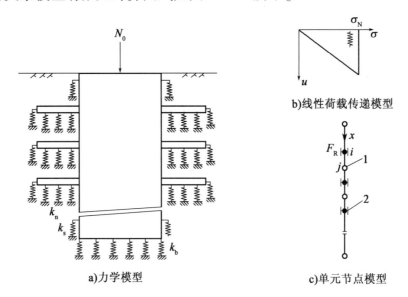

图 A.0.1 根式基础计算图式
1-不含根键节点；2-含根键节点

A.0.2 根式基础相邻节点轴力与竖向位移的关系可表示为：

$$\begin{Bmatrix} u_j \\ N_j \end{Bmatrix} = \begin{bmatrix} A_{ij} & B_{ij} \\ C_{ij} & D_{ij} \end{bmatrix} \begin{Bmatrix} u_i \\ N_i \end{Bmatrix} \tag{A.0.2-1}$$

$$A_{ij} = \frac{1}{2}(e^{\lambda_1 \Delta x} + e^{-\lambda_1 \Delta x}) \tag{A.0.2-2}$$

$$B_{ij} = -\frac{\lambda_2}{2\lambda_1}(e^{\lambda_1 \Delta x} - e^{-\lambda_1 \Delta x}) \tag{A.0.2-3}$$

$$C_{ij} = -\frac{\lambda_1}{2\lambda_2}(e^{\lambda_1 \Delta x} - e^{-\lambda_1 \Delta x}) - \frac{k_g}{2}(e^{\lambda_1 \Delta x} + e^{-\lambda_1 \Delta x}) \tag{A.0.2-4}$$

$$D_{ij} = \frac{1}{2}(e^{\lambda_1 \Delta x} + e^{-\lambda_1 \Delta x}) - \frac{\lambda_2 k_g}{2\lambda_1}(e^{\lambda_1 \Delta x} - e^{-\lambda_1 \Delta x}) \tag{A.0.2-5}$$

$$\lambda_1 = \sqrt{\frac{4Dk_s}{E(D^2 - d^2)}} \qquad (\text{A.0.2-6})$$

$$\lambda_2 = \frac{4}{\pi E(D^2 - d^2)} \qquad (\text{A.0.2-7})$$

$$k_g = \eta_g m_g (k_n b_g l_g + 2K_0 k_s l_g h_g) \qquad (\text{A.0.2-8})$$

$$\Delta x = x_j - x_i \qquad (\text{A.0.2-9})$$

式中：u_i、u_j——第 i、j 层根键处基础主体结构竖向位移；

$\quad N_i$、N_j——第 i、j 层根键处基础主体结构轴力；

$\quad\quad D$——基础主体结构外直径；

$\quad\quad d$——基础主体结构内直径；

$\quad\quad E$——基础主体结构弹性模量；

$\quad\quad k_g$——相应土层对根键的总刚度；

$\quad\quad \eta_g$——沿基础深度方向，根键相互影响效应系数；

$\quad\quad m_g$——每层根键的布置数量；

$\quad\quad k_n$——相应土层对根键的法向刚度；

$\quad\quad k_s$——相应土层对根键的切向刚度；

$\quad\quad K_0$——相应土层侧压系数；

$\quad x_i$、x_j——第 i、j 层根键的入土深度。

若基础顶部沉降与竖向荷载为 u_0、N_0，基础底部沉降与竖向荷载为 u_n、N_n，则 u_0、N_0 与 u_n、N_n 的关系式可通过（A.0.2-1）式建立。其中，u_n 与 N_n 关系为：

$$N_n = \frac{\pi D^2}{4} k_n u_n \qquad (\text{A.0.2-10})$$

联立式（A.0.2-1）、式（A.0.2-10）便可求得基础顶部沉降 u_0 及轴力分布。

附录 B　根式基础水平位移计算

B.0.1　根式基础弹性桩模型水平受力计算图式如图 B.0.1 所示,基础主体结构位移与变形可根据 m 法求得。

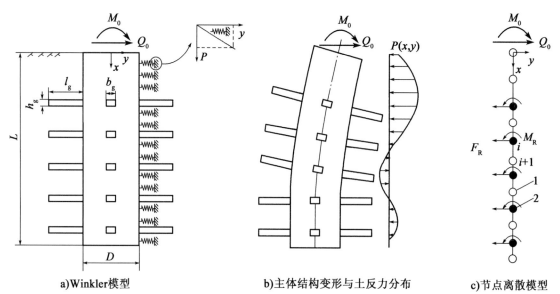

a)Winkler模型　　　　b)主体结构变形与土反力分布　　　　c)节点离散模型

图 B.0.1　根式基础弹性桩模型水平受力计算图式
1-不含根键节点;2-含根键节点

1　无根键相邻节点水平位移、基础主体结构转角、弯矩、剪力的传递关系按式(B.0.1-1)确定。

$$\begin{Bmatrix} \alpha y_{i+1} \\ \theta_{i+1} \\ \dfrac{M_{i+1}}{\alpha EI} \\ \dfrac{Q_{i+1}}{\alpha^2 EI} \end{Bmatrix} = \begin{bmatrix} A_1(x_{i+1}-x_{i'}) & B_1(x_{i+1}-x_{i'}) & C_1(x_{i+1}-x_{i'}) & D_1(x_{i+1}-x_{i'}) \\ A_2(x_{i+1}-x_{i'}) & B_2(x_{i+1}-x_{i'}) & C_2(x_{i+1}-x_{i'}) & D_2(x_{i+1}-x_{i'}) \\ A_3(x_{i+1}-x_{i'}) & B_3(x_{i+1}-x_{i'}) & C_3(x_{i+1}-x_{i'}) & D_3(x_{i+1}-x_{i'}) \\ A_4(x_{i+1}-x_{i'}) & B_4(x_{i+1}-x_{i'}) & C_4(x_{i+1}-x_{i'}) & D_4(x_{i+1}-x_{i'}) \end{bmatrix} \cdot$$

$$\begin{bmatrix} A_1(x_i-x_{i'}) & B_1(x_i-x_{i'}) & C_1(x_i-x_{i'}) & D_1(x_i-x_{i'}) \\ A_2(x_i-x_{i'}) & B_2(x_i-x_{i'}) & C_2(x_i-x_{i'}) & D_2(x_i-x_{i'}) \\ A_3(x_i-x_{i'}) & B_3(x_i-x_{i'}) & C_3(x_i-x_{i'}) & D_3(x_i-x_{i'}) \\ A_4(x_i-x_{i'}) & B_4(x_i-x_{i'}) & C_4(x_i-x_{i'}) & D_4(x_i-x_{i'}) \end{bmatrix}^{-1} \begin{Bmatrix} \alpha y_i \\ \theta_i \\ \dfrac{M_i}{\alpha EI} \\ \dfrac{Q_i}{\alpha^2 EI} \end{Bmatrix}$$

$$= \begin{bmatrix} A'_1 & B'_1 & C'_1 & D'_1 \\ A'_2 & B'_2 & C'_2 & D'_2 \\ A'_3 & B'_3 & C'_3 & D'_3 \\ A'_4 & B'_4 & C'_4 & D'_4 \end{bmatrix} \begin{Bmatrix} \alpha y_i \\ \theta_i \\ \dfrac{M_i}{\alpha EI} \\ \dfrac{Q_i}{\alpha^2 EI} \end{Bmatrix} \qquad (\text{B.0.1-1})$$

$$\alpha = \left(\frac{mB}{EI} \right)^{\frac{1}{5}} \qquad (\text{B.0.1-2})$$

$$B = \begin{cases} 0.9(1.5D + 0.5) & D \leqslant 1\text{m} \\ 0.9(D + 1) & D > 1\text{m} \end{cases} \qquad (\text{B.0.1-3})$$

$$A_1(x) = 1 - \frac{1}{5!}(\alpha x)^5 + \frac{6 \times 1}{10!}(\alpha x)^{10} - \frac{11 \times 6 \times 1}{15!}(\alpha x)^{15} + \cdots\cdots \qquad (\text{B.0.1-4})$$

$$B_1(x) = \alpha x - \frac{2}{6!}(\alpha x)^6 + \frac{7 \times 2}{11!}(\alpha x)^{11} - \frac{12 \times 7 \times 2}{16!}(\alpha x)^{16} + \cdots\cdots \qquad (\text{B.0.1-5})$$

$$C_1(x) = \frac{1}{2!}(\alpha x)^2 - \frac{3}{7!}(\alpha x)^7 + \frac{8 \times 3}{12!}(\alpha x)^{12} - \frac{13 \times 8 \times 3}{17!}(\alpha x)^{17} + \cdots\cdots \qquad (\text{B.0.1-6})$$

$$D_1(x) = \frac{1}{3!}(\alpha x)^3 - \frac{4}{8!}(\alpha x)^8 + \frac{9 \times 4}{13!}(\alpha x)^{13} - \frac{14 \times 9 \times 4}{18!}(\alpha x)^{18} + \cdots\cdots \qquad (\text{B.0.1-7})$$

$$A_2(x) = \frac{1}{\alpha}\frac{\mathrm{d}A_1}{\mathrm{d}x} = -\frac{1}{4!}(\alpha x)^4 + \frac{6 \times 1}{9!}(\alpha x)^9 - \frac{11 \times 6 \times 1}{14!}(\alpha x)^{14} + \cdots\cdots \qquad (\text{B.0.1-8})$$

$$B_2(x) = \frac{1}{\alpha}\frac{\mathrm{d}B_1}{\mathrm{d}x} = 1 - \frac{2}{5!}(\alpha x)^5 + \frac{7 \times 2}{10!}(\alpha x)^{10} - \frac{12 \times 7 \times 2}{15!}(\alpha x)^{15} + \cdots\cdots \qquad (\text{B.0.1-9})$$

$$C_2(x) = \frac{1}{\alpha}\frac{\mathrm{d}C_1}{\mathrm{d}x} = \alpha x - \frac{3}{6!}(\alpha x)^6 + \frac{8 \times 3}{11!}(\alpha x)^{11} - \frac{13 \times 8 \times 3}{16!}(\alpha x)^{16} + \cdots\cdots \qquad (\text{B.0.1-10})$$

$$D_2(x) = \frac{1}{\alpha}\frac{\mathrm{d}D_1}{\mathrm{d}x} = \frac{1}{2!}(\alpha x)^2 - \frac{4}{7!}(\alpha x)^7 + \frac{9 \times 4}{12!}(\alpha x)^{12} - \frac{14 \times 9 \times 4}{17!}(\alpha x)^{17} + \cdots\cdots$$
$$(\text{B.0.1-11})$$

$$A_3(x) = \frac{1}{\alpha}\frac{\mathrm{d}A_2}{\mathrm{d}x} = -\frac{1}{3!}(\alpha x)^3 + \frac{6 \times 1}{8!}(\alpha x)^8 - \frac{11 \times 6 \times 1}{13!}(\alpha x)^{13} + \cdots\cdots \qquad (\text{B.0.1-12})$$

$$B_3(x) = \frac{1}{\alpha}\frac{\mathrm{d}B_2}{\mathrm{d}x} = -\frac{2}{4!}(\alpha x)^4 + \frac{7 \times 2}{9!}(\alpha x)^9 - \frac{12 \times 7 \times 2}{14!}(\alpha x)^{14} + \cdots\cdots \qquad (\text{B.0.1-13})$$

$$C_3(x) = \frac{1}{\alpha}\frac{\mathrm{d}C_2}{\mathrm{d}x} = 1 - \frac{3}{5!}(\alpha x)^5 + \frac{8 \times 3}{10!}(\alpha x)^{10} - \frac{13 \times 8 \times 3}{15!}(\alpha x)^{15} + \cdots\cdots \qquad (\text{B.0.1-14})$$

$$D_3(x) = \frac{1}{\alpha}\frac{\mathrm{d}D_2}{\mathrm{d}x} = \alpha x - \frac{4}{6!}(\alpha x)^6 + \frac{9 \times 4}{11!}(\alpha x)^{11} - \frac{14 \times 9 \times 4}{16!}(\alpha x)^{16} + \cdots\cdots \qquad (\text{B.0.1-15})$$

$$A_4(x) = \frac{1}{\alpha}\frac{\mathrm{d}A_3}{\mathrm{d}x} = -\frac{1}{2!}(\alpha x)^2 + \frac{6 \times 1}{7!}(\alpha x)^7 - \frac{11 \times 6 \times 1}{12!}(\alpha x)^{12} + \cdots\cdots \qquad (\text{B.0.1-16})$$

$$B_4(x) = \frac{1}{\alpha}\frac{dB_3}{dx} = -\frac{2}{3!}(\alpha x)^3 + \frac{7 \times 2}{8!}(\alpha x)^8 - \frac{12 \times 7 \times 2}{13!}(\alpha x)^{13} + \cdots\cdots \quad (B.0.1\text{-}17)$$

$$C_4(x) = \frac{1}{\alpha}\frac{dC_3}{dx} = -\frac{3}{4!}(\alpha x)^4 + \frac{8 \times 3}{9!}(\alpha x)^9 - \frac{13 \times 8 \times 3}{14!}(\alpha x)^{14} + \cdots\cdots \quad (B.0.1\text{-}18)$$

$$D_4(x) = \frac{1}{\alpha}\frac{dD_3}{dx} = 1 - \frac{4}{5!}(\alpha x)^5 + \frac{9 \times 4}{10!}(\alpha x)^{10} - \frac{14 \times 9 \times 4}{15!}(\alpha x)^{15} + \cdots\cdots \quad (B.0.1\text{-}19)$$

式中：y_i、y_{i+1}——第 i、$i+1$ 层根键处基础主体结构水平位移；

$\quad\quad\quad \theta_i$、θ_{i+1}——第 i、$i+1$ 层根键处基础主体结构转角；

$\quad\quad\quad M_i$、M_{i+1}——第 i、$i+1$ 层根键处基础主体结构弯矩；

$\quad\quad\quad Q_i$、Q_{i+1}——第 i、$i+1$ 层根键处基础主体结构剪力；

$\quad\quad\quad m$——基础主体结构外壁地基土水平抗力系数的比例系数，可按表 B.0.1 取值；

$\quad\quad\quad B$——圆形截面的计算宽度；

$\quad\quad\quad D$——基础主体结构直径；

$\quad\quad\quad EI$——抗弯刚度。

表 B.0.1 非岩石类土的比例系数 m 值

土 的 名 称	m 值（kN/m⁴）	土 的 名 称	m 值（kN/m⁴）
流塑性黏土（$I_L > 1.0$），软塑黏性土（$0.75 < I_L \leqslant 1.0$），淤泥	3 000 ~ 5 000	坚硬、半坚硬黏性土（$I_L \leqslant 0$），粗砂，密实粉土	20 000 ~ 30 000
可塑性黏土（$0.25 < I_L \leqslant 0.75$），粉砂，稍密粉土	5 000 ~ 10 000	砾砂，角砾，圆砾，碎石，卵石	30 000 ~ 80 000
硬塑性黏土（$0 \leqslant I_L \leqslant 0.25$），细砂，中砂，中密粉土	10 000 ~ 20 000	密实卵石夹粗砂，密实漂石，卵石	80 000 ~ 120 000

注：本表用于基础在地面处位移最大值不超过 6mm 的情况，当位移较大时，应适当降低。

2 含根键相邻节点水平位移、基础主体结构转角、弯矩、剪力的传递关系按式（B.0.1-20）确定。

$$\begin{Bmatrix} \alpha y_{i+1} \\ \theta_{i+1} \\ \dfrac{M_{i+1}}{\alpha EI} \\ \dfrac{Q_{i+1}}{\alpha^2 EI} \end{Bmatrix} = \begin{bmatrix} A_1' & B_1' & C_1' & D_1' \\ A_2' & B_2' & C_2' & D_2' \\ A_3' - \dfrac{A_2' k_\theta}{EI} & B_3' - \dfrac{B_2' k_\theta}{EI} & C_3' - \dfrac{C_2' k_\theta}{EI} & D_3' - \dfrac{D_2' k_\theta}{EI} \\ A_4' - \dfrac{A_1' k_y}{EI} & B_4' - \dfrac{B_1' k_y}{EI} & C_4' - \dfrac{C_1' k_y}{EI} & D_4' - \dfrac{D_1' k_y}{EI} \end{bmatrix} \begin{Bmatrix} \alpha y_i \\ \theta_i \\ \dfrac{M_i}{\alpha EI} \\ \dfrac{Q_i}{\alpha^2 EI} \end{Bmatrix} \quad (B.0.1\text{-}20)$$

式中：k_y——单层根键产生的水平位移总刚度；

$\quad\quad\quad k_\theta$——根键产生的转动刚度。

B.0.2 根式基础刚性桩模型水平受力计算图式如图 B.0.2 所示，相邻节点水平位移、基础主体结构转角、弯矩、剪力的传递关系按式(B.0.2-1)确定。

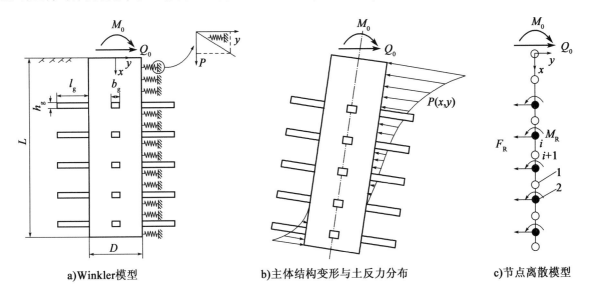

a)Winkler模型　　　　b)主体结构变形与土反力分布　　　　c)节点离散模型

图 B.0.2　根式基础刚性桩模型水平受力计算图式

1-不含根键节点;2-含根键节点

$$\begin{Bmatrix} y_{i+1} \\ \theta_{i+1} \\ M_{i+1} \\ Q_{i+1} \end{Bmatrix} = \left(\begin{bmatrix} 1 & x_{i+1}-x_{i'} & 0 & 0 \\ 0 & 1 & 0 & 0 \\ A_1^{i+1\leftarrow i'} & B_1^{i+1\leftarrow i'} & 1 & x_{i+1}-x_{i'} \\ A_2^{i+1\leftarrow i'} & B_2^{i+1\leftarrow i'} & 0 & 1 \end{bmatrix} \cdot \begin{bmatrix} 1 & x_i-x_{i'} & 0 & 0 \\ 0 & 1 & 0 & 0 \\ A_1^{i\leftarrow i'} & B_1^{i\leftarrow i'} & 1 & x_i-x_{i'} \\ A_2^{i\leftarrow i'} & B_2^{i\leftarrow i'} & 0 & 1 \end{bmatrix}^{-1} - \right.$$

$$\left. \begin{bmatrix} 0 & 0 & 0 & 0 \\ 0 & 0 & 0 & 0 \\ 0 & k_\theta & 0 & 0 \\ k_y & k_y(x_j-x_i) & 0 & 0 \end{bmatrix} \right) \begin{Bmatrix} y_i \\ \theta_i \\ M_i \\ Q_i \end{Bmatrix} \qquad (B.0.2\text{-}1)$$

$$A_1^{i+1\leftarrow i} = -\frac{Bm\left(x_{i+1}-x_i\right)^3}{6} \qquad (B.0.2\text{-}2)$$

$$B_1^{i+1\leftarrow i} = -\frac{Bm\left(x_{i+1}-x_i\right)^4}{12} \qquad (B.0.2\text{-}3)$$

$$A_2^{i+1\leftarrow i} = -\frac{Bm\left(x_{i+1}-x_i\right)^2}{2} \qquad (B.0.2\text{-}4)$$

$$B_2^{i+1\leftarrow i} = -\frac{Bm\left(x_{i+1}-x_i\right)^3}{3} \qquad (B.0.2\text{-}5)$$

附录 C 根键水平承载力计算

C.0.1 根键平面位置与水平荷载方向的关系分为三类：与水平荷载方向一致、斜交和垂直（图 C.0.1）。根键水平承载力由不同深度、不同类型根键的抗力组成。

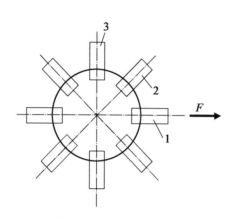

图 C.0.1 根键平面位置与水平荷载方向的几何关系
1-第一类根键；2-第二类根键；3-第三类根键

C.0.2 三类根键的水平承载力可按下列方法计算：

1 第一类根键，即与水平荷载方向一致的根键，根键的水平承载力主要来自根键的抗弯力（图 C.0.2-1），按式（C.0.2-1）计算。

$$R_{hg1} = Eh_g l_g^2 \frac{\theta}{0.95 + 155.2\theta} \qquad (C.0.2\text{-}1)$$

$$\theta = \frac{\Delta}{L} \qquad (C.0.2\text{-}2)$$

式中：R_{hg1}——第一类根键的水平承载力；

E——土体的弹性模量；

θ——根键倾斜度；

Δ——根式基础顶部水平位移，可取单桩水平承载力特征值 R_{ha} 荷载工况下，不考虑根键效应时的桩顶位移；

L——位移零点距桩顶的距离，对于弹性桩，为桩位第一个位移零点距桩顶的距离；对于刚性桩，为桩身旋转中心距桩顶的距离。可取单桩水平承载力特征值 R_{ha} 荷载工况下，不考虑根键效应时位移零点位置。

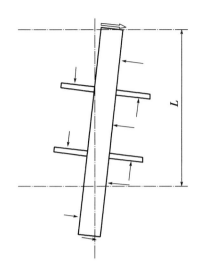

图 C.0.2-1　第一类根键抗弯示意图

2　第二类根键,即与水平荷载方向斜交的根键,根键的水平承载力既有迎面或背面的压力,又有抗弯力(图 C.0.2-2)。根键的水平承载力和弯矩分别按式(C.0.2-3)和式(C.0.2-4)计算。

$$R_{hg2} = Eh_g \left[(l_g + R) \sin\varphi - R \right] \frac{\dfrac{\delta}{h_g}}{1.8 + 63\dfrac{\delta}{h_g}} \qquad (C.0.2-3)$$

$$R_{hg2} = Eh_g (l_g \cos\varphi)^2 \frac{\theta}{0.95 + 155.2\theta} \qquad (C.0.2-4)$$

式中:R_{hg2}——第二类根键的水平承载力;

　　　R——基础主体结构半径;

　　　δ——根键沿水平力作用方向的位移;

　　　φ——根键与水平荷载的夹角(图 C.0.2-3)。

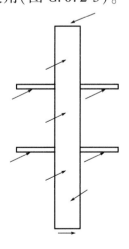

图 C.0.2-2　第二类根键抗水平力示意图

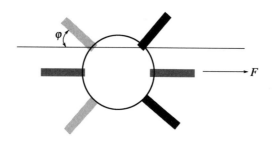

图 C.0.2-3　根键与水平荷载的夹角

3　第三类根键，即与水平荷载方向垂直的根键，根键的水平承载力主要来源于迎面的土抗力，按式（C.0.2-5）计算。

$$R_{hg3} = E h_g l_g \dfrac{\dfrac{\delta}{h_g}}{1.8 + 63 \dfrac{\delta}{h_g}} \qquad (\text{C.0.2-5})$$

式中：R_{hg3}——第三类根键的水平承载力。

本规程用词用语说明

1　本规程执行严格程度的用词,采用下列写法:

1)表示很严格,非这样做不可的用词,正面词采用"必须",反面词采用"严禁";

2)表示严格,在正常情况下均应这样做的用词,正面词采用"应",反面词采用"不应"或"不得";

3)表示允许稍有选择,在条件许可时首先应这样做的用词,正面词采用"宜",反面词采用"不宜";

4)表示有选择,在一定条件下可以这样做的用词,采用"可"。

2　引用标准的用语采用下列写法:

1)在标准总则中表述与相关标准的关系时,采用"除应符合本规程的规定外,尚应符合国家和行业现行有关标准的规定"。

2)在标准条文及其他规定中,当引用的标准为国家标准或行业标准时,表述为"应符合《××××××》(×××)的有关规定"。

3)当引用本标准中的其他规定时,表述为"应符合本规程第×章的有关规定""应符合本规程第×.×节的有关规定""应符合本规程第×.×.×条的有关规定"或"应按本规程第×.×.×条的有关规定执行"。